Crescere Alghe per Take Profit:

Come Costruire una Cultura di Alghe Fotobioreattore per le Proteine, Lipidi, Carboidrati, Antiossidanti, Biocarburanti e Biodiesel

Da Christopher Kinkaid

Traduzione Spagnola:

dal dottor Lisandro C. Hernandez Vazquez

I0476296

Solardyne.com

Published by Solardyne, LLC
Portland, Oregon

ISBN-13: 978-1500718381
ISBN-10: 1500718386

Indice

Prefacio

Le alghe sono un miracolo della natura. Ricco di aminoacidi, proteine, lipidi, carboidrati, antiossidanti, ficobiliproteine, e altri prodotti ad alto valore, Loas alghe sono diventate una nuova riserve di cibo attraverso le industrie.

Questo libro descrive come costruire il proprio fotobioreattore per la coltivazione di specie algali puri (taxa).

Le alghe sono "motori" della Terra per la combustione della catena alimentare. Come "produttore primario" responsabile di circa metà dell'ossigeno prodotta sulla Terra, il potenziale delle alghe è stato commercializzato per produrre prodotti organici di valore. Costruisci il tuo kit grow photobioreactor (FBR) a coltivare il valore ceppi di alghe e custodire la algale settore in rapida crescita.

Allevamento alghe è affidabile e ripetibile Kit fotobioreattore Alghe coltivazione per la fotosintesi controllato. Cresciuto Quattro diversi gruppi algali con 4 navi crescono kit nominale a 80 litri di capacità totale di alghe.

Completo di sistemi ottici, meccanici, elettrici, pneumatici e biologici, Fotobiorreactores forniscono un controllo totale. Coltivare monocolture alghe di kit Fotobiorreactores è molto utile per i ricercatori, sviluppatori, aziende, università, e per tutti coloro che hanno bisogno di coltivare monocolture alghe con la purezza e minimi costi di costruzione.

Le alghe producono preziosi acidi aminoacidi, proteine, carboidrati e oli essenziali (lipidi) e consumo di sostanze nutritive inquinamento nel diluvio d'acqua. Le specie di alghe, cresciute nel loro kit di crescita FBR, permettono ricercatori ritengono l'enorme produttività delle alghe, in grado di raddoppiare la loro massa in 24 ore in una fase di crescita esponenziale. Ricercatori alghe stanno lavorando per sviluppare protocolli per l'aumento della produzione.

La crescita di alghe trasforma l'acqua, composti inorganici (CO_2), e la luce solare in molecole organiche importanti. Questo libro è scritto come una risorsa per costruire il proprio fotobioreattore per importanti ceppi di crescita delle alghe.

E per i ricercatori, questo libro è scritto come una risorsa per costruire una cassa bioreattore, valutato a 80 litri, per la crescita delle monocolture algali. Inquinamento isolato, questi Fotobiorreactores offrono il controllo totale ricercatore su tutti gli ingressi e le condizioni termodinamiche, per sviluppare uno specifico ceppo di alghe monocoltura.

Le alghe coltivate a scopo di lucro, utilizzando Fotobiorreactores di produrre quantità utili di specie pura (taxa). Coltivare Alghe Biomassa per i vostri esperimenti, o di vendere, fotobioreattore con questo facile da costruire.

Informazioni sul libro

Questo Book è scritto come una risorsa per costruire il proprio photobioreactor (FBR) per algale crescita e in crescita.

Il tuo photobioreactor può essere costruito con attrezzature di laboratorio pronto e disponibile nei negozi per la produzione della birra, e altri fornitori. Utilizzare contenitori in vetro, tubi di prove non tossici, e di altri elementi essenziali disponibili nei negozi di attrezzature locale, per costruire la loro FBR.

Capitolo Uno discute la rassegna di coltivazione delle alghe. Specie acquatiche hanno esigenze particolari. Le alghe sono molto forti ma molto delicato nelle loro condizioni preferite. Il alghe Grower può utilizzare Fotobiorreactores (FBR) per controllare l'ambiente in crescita.

Capitolo Due sguardi a diverse specie algali di interesse quanto potenziale di valore fondamentale per l'industria cosmetica, mangimi per pesci e l'alimentazione animale, antiossidanti e biocarburanti. Include un elenco delle specie a titolo oneroso.

Il terzo capitolo descrive Dotando il vostro photobioreactor (FBR) e un elenco di componenti. La FBR contiene elementi di illuminazione, struttura meccanica, una pompa ad aria con sistema di filtraggio, con le curve Pascoli, per fermare qualsiasi contaminazione. Il kit utilizza FBR vetro e tubi in plastica del commestibile 100% per introdurre aria nei contenitori per la crescita.

Il quarto capitolo copre algali Optics. Essendo un alghe "photobioreactor" bisogno di condizioni ottiche specifiche per una crescita ottimale. In questo capitolo vengono discussi quattro diverse "trigger" che stimolano la lode e requisiti tassi di crescita delle alghe e dei loro prodotti, dal punto di vista dell'ottica.

Capitolo Cinque presenta un'analisi delle esigenze nutrizionali delle alghe. Come specie acquatiche, alghe e diatomee sono estremamente sensibili agli elementi disciolti nell'acqua, o la loro mancanza. I protocolli di crescita delle alghe consentono al ricercatore di costruire uno specifico "profilo di crescita" a coltivare una specie selezionate (gruppo tassonomico), e controllare i metaboliti prodotti dalle alghe.

Capitolo Sei è diretto alla prenotazione di alghe biocarburanti. Alghe che propone accumulo dell'olio sono fortemente voluta. Influenza sul ciclo di crescita delle alghe per biocarburanti o di stoccaggio del biodiesel, consentendo ai ricercatori di sviluppare protocolli per massimizzare la produzione di lipidi.

Capitolo Sette esamina le tecniche di base per la misurazione dei tassi di crescita e la produzione di cultura biomassa algale Net. Le alghe nella fase cultura, passa attraverso cinque fasi essenziali. Climate Control Point Compensation, crescita esponenziale di fase. Saturazione e collasso. La manipolazione di alghe in ogni punto della sua curva di crescita classica, offre ai ricercatori la possibilità di utilizzare quello "trigger" reazione di output o risultato desiderato.

Capitolo Otto analizza le risposte frequenti su Fotobiorreactores, la sua costruzione e il funzionamento. In breve, la miscelazione, il campionamento, di misura, e la coltivazione e la crescita di alghe.

Capitolo Nove è una guida rapida per costruire il tuo photobioreactor. Passi assemblaggio sua struttura meccanica, destinatari di crescita, pompa di aria, filtro e sistemi di illuminazione.

Chi l'Autore

Christopher Kinkaid

Christopher (Toby) Kinkaid, originario di Portland, Oregon, è il fondatore di **Solardyne.com**, **SolarQuote.com**, e **AlgaeToday.com**, e ha lavorato nel campo delle tecnologie energetiche pulite per più di tre decenni.

Kinkaid è il nventor i di Vertical Axis Wind Generator "Helyx" concentratore solare modulo fotovoltaico "Butterfly Non-imaging" (funzionamento continuo presso i Sandia National Laboratory dal 1994), l'obiettivo ottico del concentratore solare demultiplexer (Dr. James / Sandia National Laboratory 1991), ed è l'inventore di un pacchetto originale di energia solare "Solar Power Pack" (Mother Earth News, "Littlest Utility" giugno / luglio 2001).

Inoltre, Kinkaid è stato un oratore ufficiale e presentatore di tecnologie energetiche pulite in vari eventi in tutto il mondo, tra cui "APEC" Bangkok,

Tailandia, 2003 "World Energy Solutions" Tokyo, Giappone, 2003, erence internazionale Conf Biomassa (IBC), 2010, Minneapolis, MN, e la Conferenza sulla biomassa algale Organization (ABO), 2010, Phoenix, AZ.

Christopher (Toby) Kinkaid è apparso nelle interviste e interviste televisive Koin, KGW TV, e "Oggi sostenibile" prodotto in Oregon, e ha fatto parte del consiglio di amministrazione per l'Associazione Idrogeno Nazionale degli Stati Uniti, Washington DC, 1993 Japanese Society of Satellite Communication (JCNET), Fukuoka, Giappone, 1994-1995, e Algaedyne Corporation, Preston, MN, 2010-2013. Kinkaid attualmente serve come CEO di Solardyne, LLC a Portland, Oregon.

Kinkaid, basificata è attualmente sulla West Coast, dove continua la sua attività di specialista nello sviluppo di applicazioni e nella ricerca di energia solare, eolica e biomasse

Introduzione

Le alghe sono una forza naturale. Tutta la vita sulla Terra si è sviluppata fin dalla sua nascita da organismi unicellulari. Le alghe sono la base della catena alimentare acquatica, e sono "motori" di ossigeno, e la base della produttività alimentare del nostro pianeta. Metà dell'ossigeno sulla Terra proviene dai microrganismi alghe. Il forte interesse del settore, "alghe" viene generato prezzi incredibili che convertono la chimica inorganica in alcune delle molecole organiche più importanti su crescite terra.

Questo eBook è stato scritto per descrivere come un photobioreactor (FBR) per la coltivazione di alghe e diatomee è costruito. Fotobioreattore (FBR) descritto in questo libro è stato progettato e costruito da contenitori di vetro ed altre attrezzature pronte e disponibili nei negozi e aziende Birra produzione e fornitura ai laboratori. Questo eBook contiene un elenco di parti per costruire il proprio photobioreactor.

Fotobioreattore (FBR) permette ai ricercatori di crescere tutti i tipi di divisioni tassonomiche alghe:

Baciariophyta, Chrlorarchiniophyta, Chlorophyta, Cryptophyta, Cyanophyta, Dinophyta, Euglenophyta, Glaucophytoa, Haptophyta, Herokontophyta, e Rhodophyta.

Allevamento di alghe è l'ultimo in sindrome "Golidlocks".

I tassi di crescita delle specie acquatiche sono date da una specifica serie di condizioni, tra cui pH, temperatura, CO_2 e O_2 disciolto, macro e micro nutrienti, ioni metallici specifici, vitamine e fonti di luce con radiazione fotosinteticamente attiva (PAR).

Un photobioreactor è un ambiente controllato si crea, per portare la "dolce atto" della crescita delle alghe controllare e manipolare queste condizioni.

La FBR qui descritto è basato su contenitori di vetro, tubi per uso alimentare non tossico, curve Pasto per evitare qualsiasi agente patogeno dalle loro navi cultura, pompe a vuoto, e filtri di 5 micron, che eliminano qualsiasi contaminazione che venire in aria in ingresso.

Questo eBook descrive le apparecchiature fotobioreattore, è possibile costruire in laboratorio, così come la discussione dei nutrienti, di illuminazione, di ossigeno, di iniezione di CO_2, e le tecniche colturali.

Coltivare alghe e diatomee da guadagnare. Le alghe sono in crescita i mercati di tutto il mondo. Determinate specie (taxa) sono molto costosi da acquistare da fornitori, spesso migliaia di dollari al litro! Costruire il proprio fotobioreattore, ottiene i propri mezzi per crescere monocolture pure di specie di alghe.

Capitolo Uno - Crescere Alghe
The Big Picture

Le alghe sono generalmente specie acquatiche.
Motori della crescita sono basate su cellule semplici,
che consumano i materiali inorganici e molecole
organiche prodotte.

Le alghe, attraverso la fotosintesi, convertire i
segmenti di energia solare, tracce di minerali, CO_2 e
acqua in un processo straordinario di ossigenazione
- fotosintesi che porta alla crescita cellulare e la
riproduzione, e rendendo possibile, come
sappiamo, vita sulla Terra.

Le alghe come un coltivatore, si sta tentando di
emulare la natura, perfezionandolo, da "gatilleo"
diversi effetti per tutto il ciclo di crescita delle alghe,
con un controllo delle stesse condizioni
termodinamiche.

La fotosintesi è apparso che avvolge la Terra quando la vita aveva bisogno di una "batteria." L'ADM è la protezione fragile e necessario; con il giovane Terra bombardato da radiazioni ultraviolette UV C, alghe diede loro risposte, come la produzione fotosintetica di molte molecole organiche che hanno aumentato la risposta sopravvivenza delle alghe. Per finire avvolgendo le belle e vulnerabili DNA o accessori sono stati usati pigmenti antiossidanti, i meccanismi di alghe sviluppato per catturare più energia solare disponibile.

Alghe riprodurre durante la notte, probabilmente a causa della massiccia presenza di bombardamento UV durante le ore diurne, non più sulla Terra primordiale. DNA replicato, durante la notte, ridotto al minimo i disagi che potrebbero essere causati dall'ingresso di luce ultravioletta energetico (UV) all'interno.

Il Fotobiorreactores, come il kit descritto in questo libro, offrono i mezzi per ricercatori di "influenza" sulla crescita del ceppo attraverso cambiamenti nel loro ambiente, secondo il protocollo di crescita a un risultato desiderato.

Compulsando produzione di alghe per una select

Le alghe, che vengono "certificati" a volte strategiche nel loro ciclo di crescita, in grado di produrre interessi selezionati dalle molecole di coltivazione. Le molecole selezionate sono il bersaglio di coltivazione di alghe.

La biomassa algale viene prodotta quando l '"energia" dalla fotosintesi "supera" l'energia utilizzata per la respirazione e la divisione cellulare. Il tasso di crescita specifico di alghe sarà dato il vostro "termodinamicamente" dal "come" coltivate le alghe.

Fotobioreattore (FBR) qui descritto consente di regolare l'ottica, il controllo della temperatura, il flusso di CO_2 e O_2 nella coltivazione, il pH, la miscela di sostanze nutritive, in modo da aggiungere i recipienti di coltura, e "tempo" e "rate" in cui si cresce.

Manipolare le sostanze nutritive, le intensità, la selezione di lunghezza d'onda e fotoperiodo, a sua fonte di luce, la temperatura, pH, i livelli di ossigeno disciolto e CO_2, hanno un impatto drammatico invece controllano il metabolismo di alimentazione alghe.

Il tasso di crescita specifico delle alghe è il tasso di cambio di accumulo di massa algale. I processi di tasso "anabolici" (fotosintesi) e dei processi "catabolici" (respirazione) determinano il tuo guadagno netto biomassa.

I Fotobiorreactores consentono ai ricercatori di testare la crescita dei protocolli mediante la regolazione sistematica dei più importanti, come la temperatura, livello di luce, Fotoperiodo parametri termodinamici, come descritto, che è uno strumento importante per la ricerca e marketing.

Le alghe usano spesso il primario pigmento clorofilla-a. Questo pigmento è importante nel regno di fitoplancton ed è probabilmente il più prezioso dei quali forniscono la vita sulla Terra molecola.

Le alghe hanno sviluppato "Pigmenti bambini" giocare altre lunghezze d'onda nello spettro di guidare processi chimici. Altri pigmenti rispondono alle lunghezze d'onda addizionali nello spettro solare, e danno ulteriori mezzi di trasformare energia alghe per la sopravvivenza. Le alghe è coltivato un'ulteriore parte dello spettro solare per ottenere energia supplementare per il metabolismo, la respirazione e la divisione cellulare.

Pigmenti secondari, più comunemente chiamati "accessori" comprendono la clorofilla-b,-c clorofilla, carotenoidi e ficobiliproteine. Pigmenti aggiuntivi offrono un vantaggio evolutivo cellule termodinamicamente algali. Il nostro vantaggio è che possiamo coltivare preziose "metaboliti" e prodotti derivanti da tali percorsi aggiuntivi.

Pigmenti secondari forniscono alghe preziosi come molecole antiossidanti. Alti livelli di radiazioni UV, come stimoli chimici minacciano di alghe e giovane. Proteine astaxantina, molto apprezzato, è stato sviluppato da alghe per servire come "sun block" per essere altamente assorbimento di luce UV.

Le alghe possono produrre astaxantina (rosso vivo), che, dopo avvolgendo le molecole di DNA preziosi assorbire raggi UV per proteggerli. Quando si verifica chimico o UV su cellule algali o stress, un percorso per la produzione di astaxantina per proteggere la cella sviluppa.

Le alghe sono estremamente sensibili alle loro condizioni e cambiamenti (tassi di variazione) nei loro ambienti. Controllo di tali condizioni nel fotobioreattore, consentono di influenza sulle sue alghe per la produzione di molecole di interesse.

Equilibrio in tutte le cose

Fotobioreattore inizia con un sistema di illuminazione. Autotrofi sono altamente responsabile per l'energia ottica. L'aspetto più influente di crescere alghe è il regime ottica che usate nel vostro protocollo di cultura. Il sistema ottico è diretto alle lunghezze d'onda e intensità e fotoperiodo.

Clorofilla-a risponde a specifiche lunghezze d'onda, mentre i pigmenti secondari fanno altre lunghezze d'onda.

I Fotobiorreactores hanno una piattaforma per la crescita di particolari specie (taxa) e crescente sviluppare protocolli per migliorare la produttività naturale delle alghe. Come si utilizza il fotobioreattore, con un programma di azioni, misure e le colture, si seleziona prestazioni specifiche.

Le alghe producono sostanze preziose molti mercati vitali per cosmetici e nutraceutici. Oli naturali e lipidi, ricchi di Omega 3 sono di grande valore. Il corpo umano ha sviluppato alghe e da loro. Oli naturali e antiossidanti, spesso non chiarificati, rispetto ai prodotti sintetici per i consumatori.

Il "Haematococcus pluvialis" (Hp), un Chlorophyceae (alghe verdi), producono più astaxantina antiossidante, circa 40.000 ppm quando "ha sottolineato" di qualsiasi organismo conosciuto sulla Terra. Questo rende (H. p.) Per importanti mercati nutraceutici e cosmetici.

Natural astaxantina ha un valore di mercato di migliaia di dollari per libbra, ed è molto apprezzato nei mercati nutraceutico e dell'acquacoltura.

Le alghe hanno meccanismi incredibili per migliorare la produzione di prodotti fotosintetici quando sono "stressati." Coltivazione della biomassa algale ha esigenze nutrizionali e altri che si può manipolare il loro ciclo globale delle colture per la produzione di prodotti biologici desiderati. Sottolineando aumenta o diminuisce alghe qualcosa che le alghe hanno bisogno durante il loro ciclo di vita.

Stimolare stress o cambiamento ambientale è alghe, per produrre una risposta predictada come la produzione di astaxantina.

Kit fotobioreattore, descritto di seguito, fornisce attrezzature necessarie per crescere e influenzare il profilo della coltura di alghe.

Le alghe hanno un elevato grado di influenzare la risposta metabolica a produrre livelli più elevati di prodotti biologici selezionati, tra cui aminoacidi, proteine, coloranti organici, antiossidanti, vitamine e sostanze importanti per i biocarburanti: lipidi.

Lipidi (oli), sono la principale materia prima per il biodiesel (acidi grassi entrambi, di origine animale e vegetale, può essere utilizzato come backup). Gli acidi grassi possono essere transesterificato in biodiesel.

I lipidi prodotti dalle alghe sono spesso classificati come lipidi "bagagli" (non-polare) e lipidi "strutturali" (polari). Lipidi come "live" con Triac1gliceridos (TAGS) possono essere transesterificato per produrre biodiesel.

I ricercatori hanno studiato gli elementi che influenzano la produzione di alghe biodiesel nel limitare alcune variabili nel ciclo di crescita. "Cheating" per le alghe, modificando alcune sue condizioni, può indurre la produzione di alcune molecole come parte della biomassa prodotta. Fotobioreattori (FBR), alghe permettono al coltivatore di regolare le condizioni quali temperatura, pH, livelli di luce, la presenza o l'assenza di sostanze nutritive minerali per produrre un output o risposta desiderata.

Tutta la vita sulla Terra, con alcune eccezioni, dipende dalla fotosintesi-ossigenazione, come il processo primario per la produzione di nutrizione (per la base della catena alimentare) e ossigeno.

La fotosintesi è il "produttore primario" di tutta la nutrizione e l'ossigeno, da cui dipende la vita sulla terra e negli oceani. L '"alimentazione" per la fotosintesi è il Sole, che eroga una potenza di picco sulla superficie della Terra 1.000 Watt / metro quadrato.

Per stimolare la fotosintesi, è necessario produrre lunghezze d'onda che dominano le risposte caratteristiche dei pigmenti primari e secondari di alghe. Ogni tundra alga loro particolare preferito di tutti termodinamico lo spazio dei parametri.

Capitolo Due - Selezione del Strain Alga

L'acquisto di monocolture (specie puri) di alghe è molto costoso - spesso migliaia di dollari al litro!

Le Fotobiorreactores essere utilizzati per la coltivazione di monocolture alghe, e risparmiare, nel tempo, potenzialmente migliaia di dollari in costi per crescere le alghe.

Specie algali di interesse sono selezionati per il loro target specifico, o più molecole di valore. La selezione di alghe è il problema di lavorare "all'indietro." Inizia con quello che si vuole raggiungere, alla fine, dopo i raccolti. Specie (gruppi tassonomici) selezionati dipendono da ciò che si vuole come produrre il prodotto finale. Oli Rivolto (lipidi) per il biodiesel o per l'industria cosmetica? Siete alla ricerca di proteine complete (aminoacidi essenziali) per commercializzare alimentazione dei pesci?

La scelta delle alghe dipende dai vostri risultati. Il seguente elenco di alghe ad esempio, è realizzato con una serie di contenuti lipidico (peso secco). Protocollo di ciascuna specie (gruppo tassonomico) ha la propria cultura, e tassi di cultura. Il contenuto lipidico del gruppo di alghe dipende dalla sua cultura tecnica, inoculato e come iniziare la vostra cultura, il terreno di coltura che si è aggiunto ai vostri contenitori in vetro per la crescita, il regime di illuminazione si applica, e quanto bene si controlla il pH e la temperatura.

Il seguente è un elenco di specie di alghe (gruppi tassonomici) utili e di valore:

Chlorella vulgaris

Chlorella minotissima

Ankistrodesmus sp.

Cohnii Crypthecodinium

Scenedesmus sp.

Cyclotella sp.

Dunaliella tertiolecta

Hantzchia sp.

Nannochloropsis

Neochloris oleoabundans

Nitzschia sp.

Phaeodactylum tricornutum

Stichococcus sp.

Nannochloris

Thalassiosira pseudonana

Tetraselmis suecica

Botryococcus branuii

Superstar *Chlorella vulgaris* - è stato ben studiato per la sua alta produttività. Il biodiesel algale sulla base di *Chlorella vulgaris* ha dei vantaggi da offrire in termini di tassi di crescita elevati, e alcune uscite da affrontare, tra cui la parete cellulare molto duro, che è necessario per raggiungere gli oli interni rottura

Chlorella vulgaris una Chlorophyceae (alghe verdi) cresce bene con i ben noti tassi di nutrienti C: N: P: K. Limitazione di azoto (rispetto ad altre sostanze nutritive), la Chlorella vulgaris risponde producendo più amidi, acidi lipidici grasso insaturo.

Gli acidi grassi polinsaturi sono un grande premio. La "sostanza nutritiva limitata" rileva una piccola crisi e produrre più lipidi per immagazzinare energia per un disavanzo previsto. Alga

Se si seleziona un ceppo per la produzione di acidi grassi lipidi polinsaturi, Chlorella vulgaris è una grande scelta. Chlorella minotissima, dal Phylum Chlorophyta, quando l'azoto è limitata a produrre il 39% EPA (omega-3 acidi grassi acido eicosapentaenoico), molto apprezzato nei mercati nutraceutico e biodiesel.

L'alga Nannochloropsis ha dimostrato grande quando la produzione di biodiesel è stata influenzata dalla limitazione di nutrienti. Il Nannochloropsis è composta da sei gruppi individuati, ogni promessa, e che vivono in acqua salata, acqua dolce e acqua salmastra.

Il Nannochloropsis, coltivata in condizioni adatte, può accumulare fino al 60% in peso secco di acidi grassi polinsaturi, protocolli Nitrogen Limited. Questo rende il libro Nannochloropsis come molto apprezzato potenziale nel settore del biodiesel.

Capitolo Tre - Costruisci il tuo photobioreactor

È possibile costruire il proprio utilizzando 4 fotobioreattore contenitori in vetro per la crescita. Si crea una struttura in PVC, e posizionare due luci fluorescenti alla fine di detta struttura su contenitori di crescita. Pompe acquario Situato a pompare aria e CO2 nei contenitori. I contenitori hanno "casa" nelle estreme di tipo 2 fori.

Il sistema photobioreactor includono:

Limitatore Tempo, Struttura meccanica, fatta di tubi in PVC, negozio di attrezzature ottenuto.

Quattro (4) contenitori in vetro di 20 litri di crescita c / u, con tubi, tappi e accessori non tossici di grado alimentare 100.

Con pompa gonfiabile Filtro Aria batteri online per aerazione e miscelazione sterilizzato con valvole di scarico "Pasteur Curve," per prevenire la contaminazione del gruppo tassonomico.

Facile da montare e sanitizar per i diversi cicli di produzione di gruppi tassonomici.

La FBR con quattro recipienti in classifica a 80 litri (20 litri per c / u) può essere utilizzato per una monocultura alghe gruppo tassonomico. È inoltre possibile utilizzare ogni contenitore di utilizzare un gruppo tassonomico completamente diverso e separato a quattro diversi gruppi tassonomici con questa Alghe Kit Growing.

Ogni crescita dei vasi è indipendente dalle altre navi, con i suoi batteri del filtro e valvole di scarico digitare "curve Pasteur."

Fotobioreattore completo comprende:

Elementi meccanici
Pneumatici Articoli
Filtra elementi biologici
Elementi ottici
Timer fusibili elettrici / Sistema Fotoperiodo

Filtri biologici per ogni contenitore, sterilizzare il flusso d'aria nel vaso cultura, e le valvole di scarico "curve Pasteur" non consentono la contaminazione di un flusso di ritorno nei loro recipienti di coltura.

Usare cristalleria e Pyrex materiale vetro tipo 100% Food Grade non tossico per componenti sensibili.

Il sistema ottico completo produce luce della radiazione fotosinteticamente attiva (PAR) con una densità di flusso di fotoni di oltre 200 micro-moles/m2/seg, cambio lampada altezza regolabile, e comprende Timer duro. I kit comprendono tutti Cristalleria e accessori, pompe ad aria pneumatica, struttura meccanica, impianto elettrico Fusibili-Tutto ciò che serve (attrezzature) per cominciare a crescere le colture algali.

Tutti FBR crescita di alghe includono Sanitarizador evaporativo Nessuna sostanza tossica alla coltivazione ripetuta. Il kit fai da te photobioreactor crescita delle alghe comprende:

Due (2) Strutture zavorra T8 lampade ad alta efficienza Luce fluorescente, quattro (4) 6500K lampade ad alta efficienza (20 mila ore). Un (1) timer Duro (lampade ad esso collegati per risolvere il tuo fotoperiodo).

Un (1) Striscia di alimentazione con fusibile

Un (1) Kit per struttura meccanica. Tagliare e accessori per il montaggio facile. La struttura "meccanica" è composto da tubi in PVC, 3/4" a 1.5" (19-38,1 mm), a seconda della selezione, disponibile nei negozi di attrezzature. Pezzi tagliati cone segue:

Otto (8) Segmenti longitudinali 18" c / u (457,2 millimetri)
Otto (8) Segmenti laterali 22" c / u (558,8 millimetri)
Six (6) Segmento verticale 24" c / u (508 mm)
Otto (8) di3-Way angolo
Otto (8) Connettori Medio 3-Way

Montare la struttura come sopra. Struttura supporta le luci, e definisce uno spazio interno in cui i contenitori di crescita sono posti sotto le lampade.

Quattro (4) Imballaggio di vetro per la crescita nominale a 20 litri di c / u

Quattro (4) tubi di vetro Pyrex per l'ingresso di aerazione per la crescita delle colture.

Quattro (4) spine di grado alimentare al 100% i contenitori non tossici per la crescita / Tubo / Accessori.

Quattro (4) Valvole di ritegno tipo "curve Pasteur" Grade 100% Alimetario non tossico

Due (2) Aria pompe ad alta efficienza (4000 cc / minuto) su Quattro contenitori di crescita. Aggiungere un "distanziatore" per di aerare 2 vasche indipendentemente per ogni

Quattro (4) Valvole (per proteggere le pompe ad aria)

Quattro (4) filtri Batteri online (uno per ogni allevamento container) al prezzo di 0,22 μ m. Posizionare filtri batterici tra la pompa e ciascuna delle colture contenitori.

Venti (22) piedi (6,7 m) Pipe Line Food Grade 100% non tossico.

Un (1) Liter of Food Grade evaporativo Sanitarizador 100% non tossico.

Il Kit contiene Total (96) Parti.

Potenza: 148 Watt.

Costo dell'operazione: Meno di 2 centesimi all'ora (0,12 USD / kWh di energia elettrica)
Footprint: 8 Square Foot (0.743 m [2],, altezza: 3 ft (0.914 m), Larghezza: 2 ft (0,609 m) Lunghezza: 4 piedi (1.219 m), Peso: 57 £ (25.9 kg).

Capitolo Quattro - Ottica alghe

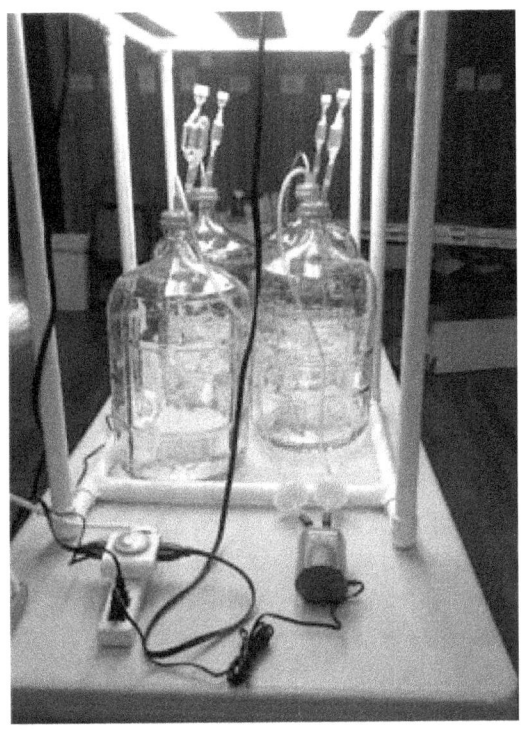

Le lunghezze d'onda dei fotoni intensità e fotoperiodo sono cruciali per le alghe in quanto hanno bisogno di una condizione di "Riccioli d'oro" per raggiungere la crescita esponenziale.

Induce aggiungendo brillante "saturazione luminosa", che si verifica quando si hanno sovraccaricato i centri fotoreazione nelle cellule, e capita che la luce non induce più processi. In realtà, se si fa raggiungere le condizioni di "saturazione della luce," quindi inibire la fotosintesi, questo effetto è l'inibizione della luce.

Aggiungere molto poca intensità fotone significa che non si raggiungerà il "punto di compensazione" necessaria per la fotosintesi netta. La compensazione è quando il tuo alga produce un guadagno netto di biomassa algale. Questo "punto di compensazione" è dove la fotosintesi supera l'energia necessaria per la respirazione e la divisione cellulare.

Le alghe crescono quando l'intensità dei fotoni è tra "punto di compensazione" e "saturazione luce" nella curva di crescita. Nota: Uno dei più grandi errori commessi da parte dei coltivatori di alghe è l'uso eccessivo della luce.

Termodinamicamente, una volta raggiunto il livello di "saturazione," con l'intensità della luce, i fotoni ulteriori aggiunte al sistema non porterà il processo di migliore o più veloce. Regolare l'altezza della struttura per regolare l'intensità della luce.

Utilizzare un metro Quantum quando possibile, di misurare accuratamente la radiazione fotosinteticamente attiva (PAR) da 400 nm a 700 nm, la densità di potenza o micro-Einstein/m2/segundo micromoli fotoni. I photoperiods sono di vitale importanza per la crescita delle alghe. Il ciclo giorno-notte è un'influenza fondamentale sulla crescita delle alghe.

La selezione del fotoperiodo ha un impatto drammatico sul ciclo di vita delle alghe, come ogni specie ha il suo ciclo preferito giorno-notte.

La tecnologia LED sta permettendo ai ricercatori per abbinare il "emissività" di LED che emettono la "capacità di assorbimento" dei pigmenti primari e secondari nelle alghe. Tuttavia, i LED spesso non coincidono esattamente con le risposte di lunghezza d'onda "picco" di alcuni pigmenti.

Nuovi LED organici (OLED) permettono il "emissività" dei LED è "accordabili" e cadere esattamente nel picco di lunghezza d'onda del pigmento. L'adozione di LED per l'emissione di cultura alghe fornirà ad alta efficienza (si sta Energizzante solo la lunghezza d'onda necessario), a bassa temperatura (LED lavoro freddo) ed un alto controllo sulla intensità e la durata.

Kit fotobioreattore utilizzando lampade T8 che è possibile utilizzare con un numero selezionato di lampade che hanno quel formato. I LED T8 possono essere raggiunti online o localmente.

Utilizzare il kit fotobioreattore per la coltivazione delle alghe per biocarburanti e biodiesel. La produzione di biodiesel utilizzando alghe ha enormi opportunità di mercato perché la pressione di trasporto sui produttori di utilizzare biodiesel diesel più grandi industrie.

Il mercato del biodiesel è di grandi dimensioni, tra cui camion, treni, carri armati, attrezzature agricole, la costruzione, senza contare che ci sono già alcune vetture di trasporto how e camion che girano su biodiesel. Biodiesel dalle alghe utilizzando flussi di rifiuti con sta sovraccarico di fosforo e azoto che può essere considerato come nutrienti. Questi minerali sono molto preziosi, in particolare fosforo.

Biodiesel dalle alghe, viene utilizzato per pulire i flussi di pregevole combinazione di P: K: N a produrre due flussi di reddito: biglietti per ripulire l'ambiente e l'entrata da biodiesel prodotto.

Le alghe hanno "pigmenti accessori" come la clorofilla-b, clorofilla-c, che assorbono alcuni picchi corrispondenti alle bande di lunghezze d'onda del blu-viola e, mescolati delicatamente rosso-arancio. Altri pigmenti accessori includono carotenoidi (beta-carotene) picchi di assorbimento cambiati lunghezze per catturare diverse lunghezze d'onda a quelle dei pigmenti primari come la clorofilla-a onda.

Per clorofilla - clorofilla-a e b, ogni "picco" dovrebbe essere contemporaneamente attivato. Tutti - insieme, gestisce un percorso fotochimico attivo nel fotosistema II e fotosistema I, che porta a processi di Lumino-dipendenti della fotosintesi.

Fotosintesi opera in due parti distinte: luminodependientes reazioni (centri fotoreazione) di "ossidante" acqua, e le reazioni luce-indipendenti (ciclo di Calvin Benson) per "ridurre" la CO_2 per produrre i mattoni di tutti altre molecole organiche: zuccheri semplici.

I kit per coltivare alghe photobioreactor sono progettati per le alghe ricercatori. Coltivare le alghe per produrre biodiesel e progetti di nutraceutici. Sviluppare i parametri pH, temperatura, intensità della luce, illuminazione fotoperiodo, l'assorbimento dei nutrienti e altre variabili per massimizzare le uscite della coltura algale. Durante la fotosintesi delle alghe "ossidato" acqua per crescere un elettrone e un protone, liberando ossigeno come una perdita di produzione di alghe.

L'acqua viene ossidato per produrre una coppia di protoni e neutroni. Una volta formate, le particelle cariche sono separate creando un "differenza di potenziale" per guidare la catena di trasferimento di elettroni portando il peso che verrà utilizzato in seguito nel ciclo di Calvin-Benson costruire molecole organiche.

Il ciclo di Calvin-Benson chimicamente "ridotto" CO_2 (fissazione del carbonio) e costruisce carboidrati semplici per immagazzinare l'energia.

Alghe bisogno di occhiali. Fotoflujo densità, il tasso di energia fornita alla crescente alghe, è stata misurata in un ampio intervallo da piccolo valore di 2 micromoli di fotones/m2/segundo ad un valore più usuale di 80-200 micro- fotones/m2/seg mol.

L'energia del fotone per la coltivazione delle alghe in Fotobiorreactores ha tre importanti considerazioni:

Lunghezze d'onda fotosintetico
Photon Intensità
Photoperiods

Kit photobioreactor crescita di alghe forniscono controllo ottico su questi tre fattori. Uso universale lampade T8 è possibile alimentare le lampade di spettri diversa installazione di lampade inclusi nel kit di progettare tutti i tipi di esperimenti ottici coltura di alghe.

Protocolli di alghe che crescono in Fotobiorreactores vi offre di controllare la penetrazione della luce. Stagni e altri approcci al di fuori dell'agricoltura alghe ha un grosso problema con la "inibizione dalla luce."

Inibizione luce si verifica quando le alghe che cresce sulla superficie di uno stagno e blocca la luce di penetrare colonna d'acqua. Questa crescita di alghe di superficie "ombra" le alghe che si trova sotto e produce una inibizione della crescita.

Un paradosso per la coltivazione delle alghe in stagni è che più si cresce, più alghe clouding. L'inibizione della produzione di limiti leggeri alghe crescente in stagni ad una profondità di 1 a 2 cm. Le alghe sono specie acquatiche che necessitano di condizioni ambientali specifiche per crescere.

Questo include temperatura, pH, CO2 disciolta e O2, nutrienti disponibili, macro e micro, luce tra 400-700 nm RFA e fotoperiodo regolare.

La densità fotosintetica Photon Flux (DFFF) descrive l'energia rilasciata dal sistema ottico. Densità di potenza necessari per la RFA è in un intervallo specifico gruppo tassonomico, che vanno da valori piccoli di 2 micromoli fotón/m2/segundo per Arctic alghe per oltre 200 micro-moli fotones/m2/segundo per specie di alghe più tipici.

I kit FBR sono progettati per produrre un valore nominale di 300 luce micro-moles/m2/seg RFA. È possibile variare tali importi regolando l'altezza del sistema di illuminazione. È possibile variare tale importo regolando l'altezza del sistema di illuminazione.

I kit includono Growing Algae completamente strutturato. Lighting System, Sistema di controllo di potere, la crescita delle colture e dei contenitori di vetro e pirex, filtri antibatterici, "Curve Pasteur" e sistemi di pompaggio dell'aria. Fotobiorreactores kit sono progettati per voi di crescere monocolture di pregevole alghe.

Le alghe sono cloroplasti previste (contenenti centri fotoreazione), in modo tale che tutti si verificano sulla superficie delle cellule. La luce entra in una colonna d'acqua viene assorbita o rifratta nel suo percorso. Le particelle presenti nell'acqua, incluse le alghe, dissipano la luce che non viene assorbita. La dissipazione di luce è un vantaggio per le alghe e che "normalizza" la direzione dei fotoni e consente alle cellule di catturare e utilizzare fotoni da tutte le direzioni.

I fotoni in acqua "dissipare" e "assorbite" in tutte le direzioni, compresa di nuovo, in modo che la luce sull'acqua dà un profilo molto attivo molleggio su e giù per normalizzare le traiettorie dei fotoni bilanciare la distribuzione di luce (fotoni) nella colonna d'acqua

Photoperiods sono di vitale importanza per la crescita delle alghe. Il ciclo giorno-notte al giorno è una grande influenza su come le alghe si evolvono. Il fotoperiodo ha un impatto drammatico sul ciclo di vita di alghe e ogni specie ha il suo ciclo preferito giorno-notte.

Molti si verificano colture algali con un fotoperiodo di 12 ore di luce e 12 ore di buio. Tuttavia, l'allungamento o accorciamento dei tempi impatti della fisiologia e di risposta delle cellule. Se si aumentano le "ore di sole" alghe sanno che l'estate sta arrivando e aumentare la risposta fotosintetica.

Se si accorcia il "ore di sole" alghe rispondere, come prossimo inverno produrre più lipidi. Le alghe biodiesel sono una vera fonte di carburanti per il trasporto carbon neutral. Possono essere coltivate utilizzando flussi di rifiuti di agricoltura e l'allevamento, con veramente carbon neutral.

Carbonio per la crescita di alghe proviene dall'atmosfera, e ritorna quando è consumato.

Pigmenti fotosintetici sono disponibili per catturare le proteine specifiche fotone di energia è vitale per la fotosintesi.

La luce (energia del fotone) è la considerazione più importante per la crescita fattore di alghe. (Anche se tutte le condizioni termodinamiche sono importanti). La fotosintesi è il meccanismo principale per guidare la crescita di alghe e la sua importanza per la coltivazione commerciale di alghe è dominante. Alghe richiedono specifiche lunghezze d'onda con energia fotonica nell'intervallo di 400 nm a 700 nm.

La luce della radiazione fotosinteticamente attiva (PAR) si riferisce all'intero spettro di lunghezze d'onda in cui i pigmenti possono rispondere. Tutti fotosintesi oxygenic sulla Terra è diretto da lunghezze d'onda tra 400 nm e 700 nm - non ha raggiunto un "ottava" delle frequenze di luce - uno stretto determinato spettro elettromagnetico banda larga.

Pigmento primario utilizzato in tutto l'universo è alghe clorofilla-a. Lei è probabilmente il più importante molecola del mondo a causa della sua capacità di catturare i fotoni come necessario per i centri fotoreazione I e II per gestire le reazioni luce-dipendenti fotosintetici.

Pigmenti secondari come la clorofilla-B, carotenoidi e ficobiliproteine, sono proteine selezionate cattura e assorbono i fotoni. Energizzante una "cascata" di effetti si cattura fotone è la più importante. Massimizzare pigmenti algali stimolando entrambi i picchi nel suo spettro di assorbimento.

La coltivazione Kit photobioreactor alghe consente di controllare le condizioni ottiche come l'intensità della luce della radiazione fotosinteticamente attiva (PAR), che è vitale per la crescita di alghe. Fotosintesi nelle alghe opera su una vasta gamma di condizioni a seconda della specie, ma le lunghezze d'onda, e l'intensità di energia fotonica sono termodinamicamente più importante.

Le alghe crescono RFA utilizzando la luce nella lunghezza d'onda di 400 nm a 700 nm. RFA intensità di luce che vanno da un valore piccolo come 2 micromoli fotones/m2/seg artico per le alghe a 200 micromoli fotoni / m2/seg per le specie più comuni di alghe. Ogni specie ha la sua intensità fotone preferito, una raccolta di lunghezze d'onda attivi e fotoperiodo per consentire un ciclo di luce e buio.

Le lunghezze d'onda esatta alghe che possono essere utilizzati nella fotosintesi oxygenic pigmento primario dipendente (clorofilla-a) che ha due picchi di assorbimento, uno nella parte dello spettro di viola-blu, e un altro in orange.-rosso.

Capitolo Cinque - Nutrizione alghe

La crescita delle alghe dipende da molti fattori, tra cui il terreno di coltura nutriente selezionate per le specie specifiche (gruppo tassonomico).

Limitare nutrienti come l'azoto, ha un notevole effetto su molte specie di alghe per la produzione di lipidi. I ricercatori usano questi nutrienti e altri fattori limitanti per stimolare le alghe per produrre il prodotto organico desiderato. Chlorella vulgaris è ben noto per la produzione di quantità significative di lipidi e amidi quando l'azoto è limitata.

Photobioreactor Kit (FBR) Algal La cultura è uno strumento per i ricercatori di progettare specifiche miscele di alghe nutrienti che aumentano i tassi di coltivazione e produzione netta di biomassa algale.

Le alghe, diatomee e cianobatteri richiedono macro e micro nutrienti, ioni disciolti, metalli in tracce, e varie vitamine per prosperare. Il terreno di coltura è diviso alghe in acqua dolce e salata. Non esiste un terreno di coltura universale per tutte le tassonomici. Pertanto, i ricercatori sono costretti a fare molta attenzione a come il mezzo è composto, memorizzati e utilizzati.

Ricette algale cultura dei media

Le macro nutrienti richiesti dalle alghe, diatomee e cianobatteri comprendono carbonio, azoto, fosforo, silicio e ioni maggiori, tra cui Na, K, Mg, Ca, Cl, SO4 ay come una base media.

Micronutrienti sono elementi essenziali in tracce, che è incluso nel ferro, manganese, zinco, cobalto, rame, molibdeno e una piccola quantità di selenio metalloide.

Le vitamine sono fondamentali per la crescita di alghe, in particolare tre: la vitamina B1 (tiamina - HCL), vitamina B12 (Cianocolbalamina), e la vitamina H (biotina). Molte alghe preferibilmente solo bisogno di uno o due, a seconda della specie, ma non sembra pericoloso utilizzare tutti e tre.

L'aggiunta di oligoelementi è un delicato azienda agricola alghe. Abbastanza piccole quantità di metalli in tracce come il ferro. Rame, zinco e cobalto sono essenziali per i processi fotosintetici.

Nota: tutti gli oligoelementi sono tossici per le alghe se le concentrazioni sono molto grandi. Grande cura deve essere presa per non mescolare microgrammi / litro a milligrammi / litro.

Elemento di ferro - necessario per tutti fitoplancton e serve le funzioni metaboliche essenziali per il trasporto degli elettroni.

Elemento Manganese - è un centro chiave di ossidazione dell'acqua nel componente fotosintesi.

Elemento zinco - come manganese, è utilizzato da alghe, cianobatteri e diatomee per una varietà di funzioni metaboliche. Maggior uso di zinco è nella formazione del "anidrasi carbonica" - questo enzima essenziale è essenziale per il trasporto di CO_2 e sequestro del carbonio.

Copper elemento essenziale - è di vitale importanza per la vita di tutti fitoplancton a causa del loro ruolo nella "citocromo ossidasi" - una proteina essenziale nel trasporto degli elettroni respiratorio in alga cellulare.

Ricette nutrienti Cultura Piano vengono salvate anche le ricette come un Master chef nelle arti culinarie.

Sviluppa le tue proprie ricette e scoprire la perfetta combinazione di nutrienti per gestire la crescita esponenziale delle alghe.

Specie d'acqua dolce in genere utilizzano un mezzo di coltura suddivisi in tre categorie segnalate: sintetici, e l'acqua arricchita con la terra. Il mezzo di coltura sintetica è un supporto selezionato dallo sperimentatore essere dotata di mezzi semplificate e specificamente definito. Esempi sono "Bold basale medio" si intende Chu # 10, BG-11 medio e medio toilette.

Vi è una grande arte per preparare il terreno di coltura alghe di acqua dolce. Assicurarsi di non utilizzare acqua distillata o acqua del rubinetto. I contaminanti tracce di metalli di acqua distillata o di rubinetto possono envenerar coltivazione delle alghe. Il terreno di coltura arricchito viene preparata aggiungendo nutrienti nel flusso naturale o di lago, o da arricchimento di un terreno sintetico o estratto vegetale. Il mezzo di arricchimento è indefinito perché voi composti organici e inorganici che possono essere presenti.

Il Pioneer in alghe Redfield (1938) descrivono metodi per mantenere continuamente isolati da colture di diatomee marine - ricco di Omega 3 olio in grandi quantità per esperimenti di laboratorio.

La procedura comprende una Redfield algale coltura strategica biomassa fino a un certo punto della loro fase di crescita esponenziale. Quantità di sostanza secca in chilogrammi diatomee sono state coltivate e raccolte per gli esperimenti di acquacoltura a livello di laboratorio.

Redfield biologia è famoso per il suo "rapporto di Redfield" composizione vitale della ricetta fotosintetico per la miscela di nutrienti, usato in crescita di alghe. Il tasso di Redfield 106 carbonio: 16 azoto: 1 fosforo è una crescita protocolli cardine e la coltura di alghe, ed è stato modificato da molti ricercatori per includere tracce di metalli ioni che sono necessari per la crescita dinamica delle alghe.

La coltivazione Kit photobioreactor alghe è uno strumento per misurare i tassi di crescita della biomassa algale e gli importi della cultura attraverso la crescita delle alghe diretta.

Allevamento alghe richiede una gestione, pianificazione e attuazione di una determinata coltura protocollo.

Specie algali ha appetiti molto specifiche per il terreno di coltura, e nessuna miscela universale di nutrienti che può funzionare per tutte le specie allo stesso modo. Pertanto, i ricercatori usano Fotobiorreactores per il controllo della crescita fotosintetica in un ambiente controllabile.

L'uso di un acqua-suolo attraverso un metodo di arricchimento del terreno di coltura utilizzando risorse naturali presenti nel terreno. Selezionare la modalità "pulire" il pavimento come possibile. Non selezionare l'argilla materiale e asciutto a basse temperature.

Una volta asciutto, deve vagliare attraverso un setaccio per ottenere particelle di piccole dimensioni. Aggiungere l'acqua e lasciate riposare e si depositano sul fondo. Naturale diffusione consentire composti caratteristici essenziali humus, compresa pH, conducibilità, ascensori organiche, nutrienti e vitamine sete diffusa nel terreno di coltura.

Kit photobioreactor (FBR) coltura algale permette di sperimentare protocolli di sostanze nutritive e far crescere le alghe. Sviluppare la propria ricetta per i nutrienti specifici che si desidera coltivare le alghe.

La qualità dell'acqua è uno dei più importanti punti di partenza quando si progettano mezzo nutriente. Il dH2O si riferisce generalmente ad acqua distillata o deionizzata. dH2O Non usare acqua (distillata) a causa di contaminanti ionici traccia.

Uso acqua RO o acqua distillata in vetro come punto di partenza per la prescrizione di coltura sintetica. La miscela di nutrienti è autoclavato per sterilizzare l'acqua prima di entrare nel alga inoculo.

Capitolo Sei - Alghe per i Biocarburanti

"L'uso di oli vegetali per carburanti dei motori può sembrare insignificante oggi, ma tali oli possono diventare, nel corso del tempo importante come il petrolio ei prodotti di catrame di carbone oggi." (Rudolf Diesel - 1912).

Il mercato dei combustibili liquidi nei soli Stati Uniti supera $ 1,8 miliardi al giorno. Protocolli Pop accumulando oli di alghe e possono perforare questi mercati con i combustibili a base di alghe e carbon neutral.

Gli oli alghe e diatomee accumulano sono mercati chiave per la grande Biodiesel e biocarburanti a base di alghe.

Diatomee e alghe possono essere coltivate in fotobioreattori. Alghe, come riserva di cibo primaria per i biocarburanti e il biodiesel, vengono raggiunti con la produzione in accumulo di olio nel suo stato di quiete o di alghe sonno. Utilizzare i kit a crescere le alghe photobioreactor FBR e condurre i loro esperimenti per aumentare la bio.

La coltivazione delle alghe per biodiesel rappresenta la più grande opportunità di mercato del secolo. Carburanti per il trasporto, tra cui il biodiesel, che rappresenta un multi-miliardi mercato giornaliero del dollaro. Il biodiesel algale per rispondere a questa domanda richiede una produzione giornaliera di circa 80 milioni di barili di olio vegetale. Le alghe biodiesel in grado di produrre questo volume perché il nostro flusso di rifiuti organici supera di gran lunga tale valore.

Le alghe biodiesel ha un forte argomento economico, come flussi di rifiuti crescente inquinamento delle acque contengono i nutrienti più importanti per la coltivazione di alghe su larga scala. I corpi idrici sono sopra sottolineato con Azoto, Fosforo, Potassio ay altri elementi in nostre fonti di inquinamento delle acque. Le alghe per biodiesel può pulire (carbon neutral) e "trattare" l'inquinamento delle acque produzione di acqua pulita e di carburante biodiesel. L'inquinamento delle acque può essere reindirizzato alla coltivazione delle alghe per la produzione di biodiesel da risolvere contemporaneamente due problemi.

Flussi di rifiuti organici già "gettato via" in corsi d'acqua fragili possono essere derivate come una delle principali fonti di sostanze nutritive per la crescita delle alghe per il biodiesel. Il biodiesel algale può essere prodotto in molte località utilizzando i rifiuti organici locale flussi di aumentare la sicurezza energetica per le reti basate biodiesel alghe.

È possibile selezionare le specie algali con uscite Lipidi di riserva per biodiesel. Se il vostro interesse è l'etanolo, poi trovare un ceppo particolarmente ricchi di amido.

La coltivazione di alghe per la produzione di biodiesel inizia con la crescita specifico protocollo di alghe biodiesel

Kit photobioreactor (FBR) coltura algale sono progettati per far crescere alghe sulla loro protocolli per produrre crescita delle alghe molecole organiche di interesse. Il biodiesel a base di alghe cerca di prendere le risorse di inquinamento delle acque (N, P, K) e reindirizzare come riserva per la produzione di alghe per il biodiesel. Kit photobioreactor (FBR) coltura algale consentono di variare i principali parametri termodinamici.

Controllando l'intensità della luce, lunghezza d'onda e fotoperiodo, nutrienti dal terreno di coltura, aerazione pneumatico e specie algali.

Ci sono molte tecniche per la coltivazione delle alghe, e sono state descritte a "spingere" le alghe a produrre più di ciò che si desidera. Produzione di alghe biodiesel di insaturo in cerca più efficiente transesterificato lipidi per ottenere biodiesel.

Selezionare le specie di lipidi a base di alghe che si desidera produrre. Seleziona il tuo alghe sulla base dei nutrienti che si desidera utilizzare. Il biodiesel algale richiede di lavorare in piantagione, coltivazione, gestione dei nutrienti, la raccolta, la disidratazione e l'essiccazione le alghe come un processo commerciale.

Scegli le specie di alghe per biodiesel a seconda di come voi o ad altri tenta di separare l'olio dalla biomassa algale. Molte aziende e università stanno sviluppando tecniche per la separazione di oli cui è possibile accedere. Il più comune è una centrifuga.

Le alghe per biodiesel richiede tecnologie commercialmente scalabili, e tutto inizia nei fotobioreattori alghe coltura di laboratorio.

La coltivazione delle alghe per biodiesel richiede che tutti gli ingressi e processi sono quantificati e ripetibili. Lavorate sui vostri fotorrégimen regime di nutrienti e di sviluppare i propri protocolli. Limitazione di nutrienti, variazione di temperatura, variazioni dei livelli di luce e fotoperiodo, pH e altri "stimolo" può causare la risposta delle alghe.

Limitazione di azoto è stato spesso segnalato per "indurre" la produzione di più lipidi.

Alghe biodiesel è un motore rapida crescita della biomassa che può portare agli oli. La produzione di biodiesel algale ha molte correnti di valore. La coltivazione di alghe per la produzione di biodiesel cerca di "influenza" nelle alghe per produrre oli.

La produzione di petrolio nelle alghe può essere "indotta" con variazioni del fabbisogno producendo acidi grassi insaturi più poli consumando inquinamento acqua nel processo.

Alghe di carburanti per il trasporto sono una parte importante della grande transizione dal 11 ° secolo nei confronti della società industriale sostenibile.

Utilizzare i kit di crescere fotobioreattori alghe di coltivare e di indagare le alghe per la produzione di biodiesel. Le alghe biodiesel di solito sono "trattati" in primo luogo per rimuovere gli oli dalla biomassa algale. I solidi che rimangono nel "press-torta" sono un buon alimento per gli animali e allevamenti ittici.

La crostata-Press alghe con molti degli oli estratti per il biodiesel che lascia meno oliata ideale nutrizionale biomassa gestione. Loas "oli" sono stati estratti finanze "torta - prede" più adatte per l'alimentazione animale e di pesce.

La "torta-dam" è ricca di aminoacidi, proteine essenziali, antiossidanti, vitamine e tracce come eccellente olio e pesce mangimi. Gli oli estratti vengono poi elaborati dal transesterificazione per produrre una stabile, scivoloso alghe biodiesel.

La tecnologia Clean Water biodiesel algale, la tecnologia biodiesel Produzione Alghe Pulisce l'acqua, produce prezioso mangimi per animali e pesci e alghe biodiesel produce motori diesel per l'utilizzo nei trasporti e per i mercati power-produzione.

Le alghe offrono grandi opportunità per la produzione di oli (lipidi) per la sua alta efficienza intrinseca, e la capacità di utilizzare prodotti di scarto how nutrienti.

I ricercatori e le imprese hanno maggiore comprensione di come fornire e controllare la cultura ambientale, come la coltivazione kit fotobioreattore delle Alghe Alghe di oggi, a crescere monocolture di alghe che producono alti livelli di composti organici importanti - selezionati - great value per l'industria.

Biocarburanti e biodiesel per coltivare ceppi di alghe ricche di oli e lipidi-storage è la chiave.

Uno dei grandi pionieri della coltura di alghe, e ricercatore della fotosintesi era Otto Warburg (1919), a Berlino, Germania. Warburg ha lavorato nella cultura densa di Chlorella, e molte altre specie (taxa). Warburg era un grande visionario come utilizzare le alghe riserva di cibo per animali e pesci mangimi e biocarburanti.

Il biodiesel algale offre molti vantaggi per i mercati dei trasporti. Disponibili ovunque, entrambi i titoli rifiuti organici come nutrienti consentono la produzione di biodiesel in tutti i paesi.

Coltivazione di alghe per biocarburanti utilizzano il potente motore della fotosintesi per rendere industrialmente ciò che le piante fanno naturalmente: il riciclaggio del carbonio.

Il biodiesel algale è carbon neutral. L'anidride carbonica CO_2 in atmosfera viene catturata e convertita in proteine, carboidrati e lipidi (oli) per il sequestro di carbonio utilizzando la clorofilla-a e di altri pigmenti che determinano la fotosintesi. Il Il carbonio viene "ridotta" e l'acqua è "arrugginita" fissa carbonio nelle molecole della vita

Lipidi Biodiesel alghe utilizzate per transesterificazione e il biodiesel diventa stabile.

Il consumo o la combustione della biomassa algale organico ossido di composti CO_2 riforma che restituisce l'atmosfera. Il Ciclo del carbonio alghe è Carbon Neutral-Nessun nuovo CO_2.

Il mercato dei carburanti per il trasporto negli Stati Uniti è poco più di 1.800 miliardi dollari al giorno. Le alghe per la produzione di biodiesel potrebbe introdurre posti di lavoro locali, e una produzione diversificata di carburanti biodiesel e la sicurezza economica ed energetica carbon neutral.

Tecniche di alghe Cultura - Capitolo Sette

Crescita Calcoli Valuta:

Il calcolo della coltivazione delle alghe avviene con l'equazione di primo ordine: Volume cellulare totale per litro" DCV / dt = UCV, dove u è il "tasso di crescita specifico" e CV è il

- LnCVt1 = u (T1-T2) lnCVt2: quando si integrano nell'intervallo di tempo tra t1 e t2, l'equazione è ottenuta da una crescita log-lineare. Dove CV ln è il logaritmo naturale del volume delle cellule per litro. Se coltura cellulare sta crescendo a un tasso costante tracciato ln CV invia una linea retta.

Un metodo semplice per calcolare i tassi di crescita:

Alghe, quando introdotto in un mezzo di crescita della cultura come un inoculo, iniziare con un "acclimatazione," dove i tassi di crescita sono inizialmente inibite. Le cellule algali sono "choqueadas", quando entrano in un nuovo ambiente, e questo è il periodo di acclimatazione, che si verifica a volte per diversi giorni per molti giorni, con un nuovo raccolto in un nuovo medium di crescita.

La crescita delle alghe dopo un periodo di acclimatazione, entra in una "fase esponenziale di crescita," dove la popolazione moltiplica rapidamente, con un aumento del tasso di crescita. Questa fase di crescita esponenziale è dove i ricercatori a trovare le condizioni ideali.

Durante la fase di crescita esponenziale è il "tasso di crescita" in cellule per unità di tempo è proporzionale alla quantità presente all'inizio delle cellule di unità di tempo. La crescita della popolazione di alghe è la seguente equazione: dn / dt = rN. La soluzione di questa equazione è nota: N (1) = N (0) e rt.

La popolazione iniziale delle alghe viene misurata N (o), in fase di avvio (T1), allora la popolazione delle alghe N (1) è misurata alla fine del periodo. Il numero N (t) - è quello che hai prodotto, è pari a N (o), con ciò che hai iniziato, con un tasso di crescita (r) nel periodo di tempo (t).

Dopo aver misurato N (o) e N (1), nel periodo di tempo T è risolto per il tasso di crescita relativo (r).

Dopo la fase di crescita esponenziale, nutrienti disponibili, o di altri fattori di grande interesse per i ricercatori, sono "limitati" e tasso di crescita basso bruscamente o improvvisamente si ferma. Se vengono forniti nuovi elementi nutritivi, poi cade in rapida crescita di alghe in un incidente.

Un biologo ha detto una volta che "i sistemi biologici, quando stimolato, o adattarsi o morire." Questo è molto vero con la coltivazione di alghe. All'inizio pioniere alghe grower ha dichiarato: "La crescita è limitata da ciò che è più necessario" - Blackman (1905).

I tassi di crescita di alghe non sono la stessa biomassa accumulazione.

I tassi di crescita parlare del numero di divisioni cellulari. Un biomassa algale è interessato totale "di massa" in termini di massa secca delle alghe presenti gli orari di inizio e di fine del periodo abbiamo studiato.

Il algale Yield è determinata misurando la inoculante massa secca all'inizio della coltivazione delle alghe, e misurare la massa secca della fine del periodo di coltura. La crescita bilanciate e sbilanciate della cultura alghe è determinato dallo stato - e - stage

La crescita di alghe che si verifica nella vostra photobioreactor.

Il tasso di crescita specifico è un "tasso di cambio" di biomassa ed è determinato dalla grandezza del processi "anabolizzanti" (fotosintesi) ed elabora "catabolici" (respirazione): U = PR, dove U è la " tasso di crescita specifico "e P R è fotosintesi e respirazione.

L'irradiazione ciclo solare giornaliera produce uno "squilibrio" Journal of fotosintesi contro la respirazione. Questo assicura che la crescita "sbilanciato" è un grande "meccanismo gatilleo" nella crescita di alghe.

Specie algali sono molto segnati dalla loro capacità di "acclimatarsi" per le condizioni del loro ambiente. Questa caratteristica viene sfruttata dagli agricoltori alghe, dalle condizioni ripetendo ogni giorno, come le alghe "formazione." Alghe taxa respond uscite più prevedibili.

Le alghe sono ciclo di crescita tradizionale di 5 fasi. Sono punto di acclimatazione di compensazione, una crescita esponenziale, la saturazione e il collasso (se non aggiunge nulla di più). Queste cinque fasi di crescita sono un classico curva.

L'acclimatazione si verifica quando il loro mezzo di coltura inoculato con una piccola quantità di specie pure. Compensazione si verifica quando la fotosintesi supera l'energia richiesta dalla cellula per la respirazione e riproduzione.

La crescita esponenziale si verifica intorno al tempo che tutte le alghe disponibili consumano tutte le sostanze nutritive disponibili. Questa fase è di grande interesse per i ricercatori di alghe. Come si verifica il punto di saturazione massima in cui il tasso di crescita è ottenuta diminuisce. La fase finale è il collasso. Quanto sostanze nutritive alle cellule sono esaurite di micro alghe cominciano a morire, in genere iniziano a scomparire.

Manipolazione di cellule attraverso la limitazione di alcune variabili (di solito nutrienti) si può "addestrare" il loro alghe di rispondere a stimoli diversi.

Lavori All'inizio Alghe Coltivazione

Il Coltivatore Pioneer Alghe, Otto Warburg (1931), ha vinto il Premio Nobel nelle indagini dalla spiegazione di fotosintesi oxygenic, descrivendo percorsi respiratorie, utilizzando le specie di alghe Clorella verdi. Warburg è un eroe nel campo della phycology.

La crescita di alghe e colture di microalghe con metodi di laboratorio, è radicata in tecniche sviluppate alla fine del 1800 e 1900.

La prima storia dell'umanità alghe probabilmente ha avuto inizio con l'uomo del Paleolitico naturalmente guardato alghe raccolta in stagni e piscine delle maree. Alghe Sun-secchi possono essere aggiunti ai nutrienti vitali e considerati in ricette e spezie antiche.

Allevamento di alghe in epoca moderna è iniziata nel 1950, nella baia di Tokyo, e continua ancora oggi in Giappone, e in tutto il mondo. Recenti progressi nei metodi di coltivazione delle alghe si è spostato alla coltivazione alghe (algacultura) nei mercati in rapida crescita di aminoacidi, proteine, antiossidanti, ricchi di Omega-3 lipidi e altre molecole organiche.

Le alghe stanno diventando un'opzione riserva alimentare per la fornitura di prodotti cosmetici, nutraceutico, acquacoltura e biodiesel

Ferdinand Cohn (1850), il fondatore della batteriologia, il padre ha mantenuto con successo e ha scritto chi flagellati unicellulari di Chlorophyae - Haematococcus pluvialis nel suo laboratorio a Wroclaw, in Polonia. Le alghe Haematococcus pluvialis è prezioso per la sua produzione di astaxantina.

Famintzin (intorno al 1871), San Pietroburgo, Russia descritti i suoi trattati sulla crescita delle alghe in una soluzione di vari sali organici disciolti.

Molti crescita di alghe vengono eseguite utilizzando un ciclo di fotoperiodo di 12 ore di luce e 12 ore senza. Tuttavia, allungando o accorciando tasso che ha un impatto sulla fisiologia delle cellule e la loro risposta. Se le "ore di sole" aumenta le alghe riconosce che l'estate sta arrivando e aumenta la loro reazione fotosintetico. Se le "ore di sole" alghe abbreviare il tempo di riconoscere che "l'inverno sta arrivando" e produrre più lipidi.

Tecniche di coltivazione includono inoculando loro terreno di coltura, misurare la mass start, e l'istituzione del fotoperiodo. Misurare tutti i macro e micro nutrienti, ioni metallici, vitamine e il volume di massa di CO_2 trasferito e O_2 dal vostro sistema. Misurare la sua massa finale, attraverso il T1-T2, Tempo permette di calcolare il tasso di crescita.

Capitolo Otto - Domande e risposte sulla Fotobiorreactores frequenti.

Domanda: Che cos'è un fotobioreattore?

A photobioreactor (FBR) è un bioreattore stimolato da fonti luminose. Solitamente questa sorgente luminosa produce energia fotone di radiazione fotosinteticamente attiva (PAR) nell'intervallo di lunghezza d'onda 400 nm a 700 nm. Un photobioreactor comprende contenitori fondamentali di crescita ottiche, prese di ventilazione, aperture di uscita, filtri antibatterici, sorgenti luminose, Timer Luce, meccaniche e la struttura.

Domanda: Quali sono alghe che crescono kit?

Un kit di crescita delle alghe photobioreactor è un FBR completamente attrezzata si uniscono. Questi kit comprendono una struttura meccanica, e Light System produce un valore nominale di 200 luce micro-moles/m2/seg RFA.

I kit includono un timer duro FBR e sistema di alimentazione per controllare il loro fotoperiodo (di solito 12 ore di luce, 12 ore di buio) e spina di alimentazione fuso. I kit FBR includono un sistema pneumatico di due (2) pompe di aria d, quattro (4) valvole di ritegno e quattro (4) filtri biologici (0.22 micron) per rimuovere i batteri dal sistema di ventilazione prima di entrare i contenitori in crescita quattro (4) tubi di vetro Pyrex di aerazione in contenitori di crescita.

Domanda: Perché costruire un kit di FBR?

È possibile ottenere i propri materiali e costruire il proprio kit di FBR. FBR Questo kit contiene tutte le attrezzature di laboratorio di base necessarie per la coltivazione delle alghe taxa in un ambiente controllato, con basso costo del capitale.

Il mercato di tipo commerciale FBR, sono in genere costosi e offrono alcune nuove funzionalità e caratteristiche che non sono critiche, come il sistema di acquisizione dati, se si utilizzano le tecniche della "vecchia scuola" come i test di titolazione.

Domanda: Posso fa la scala di un kit di FBR?

Sì Kit FBR scalabili di capacità con la semplice aggiunta di più. Ogni kit ha un ingombro di 8 piedi quadrati (0.743 m2) e una capacità di 80 litri. Per ottenere una maggiore capacità di uso più kit FBR. Se avete bisogno di 800 litri di capacità di crescita delle alghe utilizzare 10 kit.

Esempio di grande scala: (Nota: i kit FBR sono solo per uso interno, questo esempio presuppone uno spazio adeguato all'interno del lavoro).

Acre si estende approssimativamente 43.559 piedi quadrati (4.051 m2). Con spazio per la separazione, (70% del consumo netto) tra FBRs, è possibile installare 3.812 kit photobioreactor X-80 Modello Kit PBR per una capacità di produzione di 304,960 litri. Biomassa algale raccolta di nutrienti, acqua e qualità dell'aria, ben gestito e nelle operazioni in situ, può essere in un range a seconda delle competenze e Delas specie.

Ad esempio, (il risultato può variare, ma questo è solo a scopo illustrativo) A Chlorophyta può essere raccolto 1 g per litro nelle colture ben gestite. (Concentrazioni considerevolmente superiori sono riportati in letteratura su questo).

Un ciclo di crescita di grammo / litro / potrebbe produrre una biomassa algale grezzo (peso a secco) di 304,960 grammi (304 Kg) / acro / ciclo di crescita. Utilizzo di 25 giorni / mese a tale tasso di rendimento ottenuto per esempio, 7.600 kg al mese (91.200 Kg / anno) biomassa algale.

La fattibilità commerciale di qualsiasi sistema di coltivazione di alghe su larga scala richiede un team di persone per il controllo, la gestione e l'amministrazione del processo di coltivazione, nutrienti, gli ingressi di acqua (e CO_2 opzionale), e attrezzature per la lavorazione alghe raccolta, disidratazione e asciugatura. Se desiderate esplorare i costi su larga scala si prega di contattare i nostri uffici.

Domanda: Quanta biomassa può crescere con FBR Kit?

Il biologo inglese Blackman, a cavallo del 20° secolo, ha detto che "la fotosintesi è limitata da ciò che è processo necessario." I tassi di crescita dipende da quanto bene di aver equilibrato tutti i fattori, tra cui le sostanze nutritive necessarie (macro e micro), ioni e vitamine disciolto.

Le lunghezze d'onda e intensità della luce RFA, con fotoperiodo influenza è stata selezionata la coltivazione di alghe. La salute dell'inoculo quando si avvia, gestione e trasferimento di massa di CO_2 dall'atmosfera durante la crescita (aerazione durante la respirazione cellulare) come CO_2 disciolta e O_2, e il pH del terreno di coltura per tutta la stagione di crescita detterà l'esito del vostro raccolto.

La crescita di biomassa algale (massa secca) di 1 grammo / litro per ciclo è ripetibile, ma può variare superiore o inferiore a seconda delle competenze, il gruppo tassonomico, e l'equilibrio dei parametri di sistema quali la temperatura, il pH e la miscela selezionata di nutrienti. Per FBR riportati rese sono nell'intervallo da 5 a 10 grammi / litro. I risultati dipendono dal vostro mezzo, il gruppo tassonomico, la luce RFA, fotoperiodo e competenze. È possibile ottenere una figura ripetibile di 3-4 grammi / litro con questa apparecchiatura.

Domanda: Quanta luce produce il kit FBR?

Kit photobioreactor (FBR) include due (2) strutture T8 Fluorescent Light zavorra ad alta efficienza. Quattro (4) Tubi T8 ad alta efficienza con potenza spettrale di 6500K sono inclusi nel kit. È possibile sostituire i tubi con differenti profili spettrali facilmente utilizzando dimensioni T8. Il livello di uscita nominale è di 200 micro-moli RFA fotones/m2/Segundo luce che può essere regolato, più o meno, utilizzando diversi segmenti o sospendendo la luce a diverse altezze, da una sospensione catena è incluso. Le lampadine o tubi sono classificati per 20,000 ore di utilizzo.

Domanda: Quanto tempo FBR montare il kit?

Kit FBR sono facili da montare e relativamente veloce. Il montaggio di un kit completo dura circa due ore se si va lentamente e costantemente. Nota:

quando si è pronti a smontare le connessioni inoculare i recipienti di coltura e l'uso Sanitarizador (100% non tossico), seguendo le istruzioni che evapora e lascia la superficie di lavoro pronto per una connessione veloce, e poi si è pronto ad inoculare il ceppo di partenza.

Domanda: Che cosa è incluso nel sistema pneumatico del kit di FBR?

I kit FBR comprendono una pompa ad alta efficienza sistema di aerazione, costituito da due (2) pompe di aria, quattro (4) valvole di ritegno, quattro (4) 0.22 Micron filtri batterici (uno per ogni recipiente di coltura) con ventidue (22") pollici (0,559 m) di plastica alimentare tubo di grado PBR e accessori tossico, e quattro (4) tubi di vetro Pyrex di aerazione in contenitori di crescita, come nel Programma dei partiti nel terzo capitolo.

Domanda: Come controllare la temperatura?

Questi kit sono progettati per le alghe FBR per uso interno.

Per controllare la temperatura del container in crescita photobioreactor è possibile controllare la temperatura ambiente del laboratorio o aggiungere elementi riscaldanti come piatti caldi si possono ottenere a livello locale. Molte alghe crescono a livelli di temperatura di circa 20 ° C.

Domanda: Come posso raccogliere il Fotobiorreactores?

Ogni contenitore di vetro per la crescita, 20 o 25 litri (Kit contiene 4 navi) viene equipaggiata con appositi tappi rilascio facile. (Uso di plastica per alimenti di grado 100% non tossico).

Quando si desidera accedere ai recipienti di coltura o di caricare il loro terreno di coltura mediante campionamento o la raccolta, rimuovere il tappo e inserire la vostra pipetta di vetro o altro utensile per pompare o eseguire la rimozione manuale di coltivazione.

Sostituire la spina quando terminata l'estrazione. Non spegnere le pompe ad aria. Possono correre 24/7

Domanda: Come posso scuotere le colture?

Struttura meccanica incluso nel kit di progettazione FBR permette l'accesso facile a tutti i componenti. Kit Framing T ha Meccanica PBR incluso nel disegno, permette un facile accesso a tutti i componenti. Con pari attenzione sui collegamenti pneumatici che provengono da pompe ad aria, si può facilmente contenitori "Spin," dando manualmente le alghe delicata ma buona movimento scuotendo contenitori chiusi.

Domanda: Ho bisogno di strumenti speciali per assemblare kit FBR?

Strumenti No. Taglio, misura di nastro, forbici e guanti di plastica (consigliato). Dopo aver assemblato la struttura, si può andare unire le parti con colla per PVC ottenuto a livello locale.

Capitolo Nove - Guida rapida alla Costruzione di un Fotobioreattore

Kit per la coltivazione delle alghe fotobioreattore sono progettati per i ricercatori del settore, che desiderano condurre esperimenti e le attrezzature necessarie per crescere monocolture di alghe.

Utilizzare fotobioreattori FBR coltura algale per creare la fotosintesi delle alghe controllata e campi per le loro incredibili e preziose proteine, aminoacidi, lipidi e antiossidanti, vitamine e altri composti sorprendenti. I kit per coltivare alghe photobioreactor 80 litri sono destinati a sviluppare e monocolture raccolta di alghe presenti nella vostra acqua.

Fase uno: Montare la struttura tubo in PVC si disponibile nei negozi locali. Tagliare le lunghezze come descritto nel terzo capitolo.

Fase due: Montare i contenitori di vetro Crescere con 2 tappi fori (in plastica per uso alimentare al 100% non tossico). Su uno dei fori, far scorrere un tubo di vetro (4 mm) in prossimità del fondo del contenitore di vetro, lasciando 2 pollici (51 mm) sopra il tappo. Questo è l'ingresso dell'aria tubo di vetro. Alla fine dell'altro foro dell'inserto curve Pascal li estendono al fondo del tappo. Questa valvola è il "uscita" liberando pressione interna e assicurare una pressione costante.

Curve Pasteur impediscono ai batteri di disegnare il contenitore.

Fase tre: Montare le pompe per aria. Si utilizzerà le due pompe ad aria, ottenuti in un negozio di acquario, con una divisione e due "valvole di ritegno." Si pompa aria in crescita due contenitori con una bomba. Dal momento che ogni pompa, e prima di ogni contenitore, mettere in valvola di controllo in linea, e ogni contenitore prima di effettuare un filtro antibatterico 0,22 um. Ciò elimina tutti i batteri o direttamente dal aria in entrata.

Fase quattro: Connessione tramite linea Food Grade 100% non tossico per il filtro antibatterico tubo di aria aspirata in uno del foro del tappo. La lunghezza del tubo di plastica è di circa 22" (0,559 m). L'aria viene pompata da una pompa attraverso un distanziatore per andare crescente contenitori. Ogni "a" alla pompa "stripper" avere una valvola di ritegno e filtro antibatterico. Con il tubo, come è stato descritto in precedenza, collegare la parte dei vostri flussi batteriche fino al Entry linea d'aria in un unico tappo del filtro Hole.

Fase cinque: Unisciti luce fluorescenti Staffe, e posto sulla parte superiore della struttura meccanica. Inserire i gruppi ottici a una ciabatta, un timer e finalmente collegare quest'ultimo alla presa di corrente a muro.

Passo sei: Rimuovere i tubi e cristalleria e immergersi nello sterilizzatore (tipo evaporative) prima di caricare i contenitori con terreno di coltura, e inoculare.

Che ha un photobioreactor si può costruire da soli. Coltivare le alghe a scopo di lucro, in crescita specie altamente pregiate.